AF349765

DE LA GALE DES MOUTONS,

par *A. Zundel*, vétérinaire à Mulhouse.

La gale des moutons est une des maladies les plus graves dont l'espèc ovine peut être atteinte, surtout si elle a pris une certaine extension dans les troupeaux. En ce moment cette maladie sévit sur les troupeaux de plusieurs communes des cantons de Ferrette et de Hirsingue. La maladie sévit encore dans d'autres cantons de l'arrondissement de Mulhouse ; il y a également quantité de moutons galeux dans l'arrondissement de Belfort et dans celui de Colmar. Des correspondances particulières et les journaux vétérinaires me signalent la même maladie en Suisse et en Allemagne, au point que les Sociétés agricoles et vétérinaires de ces pays, de la Bavière et du Wurtemberg surtout, en discutent fort depuis quelque temps et demandent l'intervention active de l'administration.

Ce sont là des considérations assez importantes pour m'engager à entretenir quelque peu la Société départementale d'agriculture de cette maladie et surtout pour lui soumettre quelques considérations qui doivent l'engager à demander avec moi une intervention énergique de notre administration départementale.

Je ne veux pas décrire longuement la maladie d'ailleurs assez connue ; je dirai simplement qu'elle est éminemment contagieuse et que le virus, l'élément contagifère est un arachnide, un acarien le *dermatodectes ovis*, insecte à huit pattes terminées en crochets et en ventouses, avec lesquelles il mord la peau et en aspire les sucs. Cet animal se reproduit très-vite ; on peut admettre que chaque femelle donne un produit moyen de quinze individus, dont cinq mâles et

dix femelles. L'âge adulte sonne vite pour la jeune généra-
tion ; les œufs déposés à la surface du derme donnent bien-
tôt naissance aux petits, qui au bout de sept jours ont fait
leur première mue, et à l'âge de quinze jours à trois semaines ont déjà la faculté génératrice. Pour avoir une idée
de la pullulation de ces parasites et de la rapidité avec la-
quelle la gale peut se propager dans un troupeau, nous em-
prunterons à M. Gerlach, le tableau suivant qui n'a pas la
prétention à l'exactitude mathémathique, mais qui n'en est
pas moins très-significatif. Admettons deux dermatodectes,
mâle et femelle, ils auront :

Une 1re génération après	15 jours soit			10	femelles et		5	mâles.	
« 2^e	«	«	30	«	«	100	«	«	50 «
« 3^e	«	«	45	«	«	1,000	«	«	500 «
« 4^e	«	«	60	«	«	10,000	«	«	5,000 »
« 5^e	«	«	75	«	«	100,000	«	«	50,000 «
« 6^e	«	«	90	«	«	1,000,000	«	»	500,000 «

soit un million et demi de descendants au bout de trois mois.

Lorsqu'on a écrit qu'une brebis galeuse suffit pour in-
fecter tout un troupeau, on a donc publié une grande vé-
rité ; lorsque les animaux vivent en troupeau la transmis-
sion se fait par simple contact, par des émigrations directes
ou indirectes ; elle se fait aussi par les frottements contre
les barres, les auges, les murs, les arbres des paturages,
objets souvent imprégnés de dermatodectes. Il est dès lors
très-important d'en saisir la première apparition et d'y re-
médier ; les bergers ne sauraient être trop attentifs aux individus de leurs troupeaux qui se tirent la laine.

L'on a longtemps attribué la gale au froid humide, soit
à l'insalubrité des bergeries ; à l'alimentation avec des four-
rages avariés et peu nutritifs ; aux paturages humides et
donnant des plantes grossières. Mais ces causes n'en sont
pas ; la gale ne peut se déclarer spontanément, elle ne peut
être développée que par la présence de l'insecte parasite,
du dermatodecte ; l'on ne peut cependant pas nier que les

mauvaises conditions hygiéniques, l'insuffisance de l'alimentation et la malpropreté aident puissamment à la propagation du mal et favorisent le développement et la multiplication des dermatodectes; c'est ce qu'on observe d'ailleurs pour la généralité des maladies dues au parasitisme.

La gale de mouton se reconnait au prurit que fait naitre le parasite, prurit qui est surtout fort par un temps chaud et lourd; c'est même là un excellent moyen de diagnostic; des moutons exposés à un bon soleil qui ne se gratent pas, ne se mordent pas la laine, ne sont sûrement pas galeux. Une toison floconneuse, feutrée est un indice suspect; en passant la main sur ces places où la laine est feutrée ou éclaircie, on provoque une vive sensation de prurit que l'animal témoigne par un tremblottement des lèvres, l'action de se gratter avec un membrepostérieur, ou par la direction qu'il imprime à la tête, dans le but de se mordiller. La gale se reconnait encore aux élevures, à l'inflammation et aux secrétions séreuses que les piqûres du parasite développent; les auteurs disent qu'au début on les trouve surtout dans les plis du genou, à l'interars, sur le dos, m'est avis qu'on les trouve un peu partout; les élevures sont papuleuses, c'est-à-dire qu'elles ne contiennent ni pus ni sérosité, elles ont le diamètre d'une lentille et au de-là et leur aspect blanc jaunâtre contraste avec la teinte légèrement rosée du tégument; quelquefois il y a cependant des vésicules, c'est quand les papules sont confluentes, trop nombreuses, et que l'inflammation du derme est trop forte. La laine est altérée, tombe par plaques, et des croutes recouvrent les régions de la peau, indurées, gercées, fendillées; c'est cette couche squameuse, jaunâtre, grasse au toucher, qui sert d'abri au parasite; mais quand sous l'influence de l'irritation du derme, encore augmentée par les divers moyens mécaniques par lesquels la bête cherche à calmer le prurit qui la tourmente, la croute est devenue compacte, que le derme s'est épaissi et induré, alors il n'y a plus de parasite ; il a une préférence marquée pour la peau fine encore garnie de laine et lorsqu'on soulève de vieilles croutes, la colonie les a désertées et on n'y trouve plus que quelques rares retardataires. Le dermatodecte ne creuse pas de sillons, ce qui le distingue des sarcoptes de la gale de l'homme, il soulève l'épiderme et ne se loge pas trop profondément ; c'est pourquoi il est facile à atteindre et à examiner au microscope ; il a environ un demi-millimètre de longueur. Le dermatodecte du mouton ne trouve ses conditions de vie que sur l'espèce ovine et la gale du mouton ne peut pas se communiquer aux autres espèces animales, pas même à la chèvre. Tout au plus a-t-on observé quelquefois sur l'homme un peu de rougeur de la peau, mais pas de papules, ni de gale.

Quoiqu'en général en Alsace l'élevage du mouton soit d'une importance bornée, qu'on n'en a que pour les besoins de la consommation locale, qu'il n'y a en général que des troupeaux communaux de deux à trois cents têtes, la gale y fait néanmoins un dommage sensible ; la laine est perdue ou de très-mauvaise qualité et l'animal maigre et épuisé n'a plus de valeur pour la boucherie. Pour donner une idée des pertes que la gale occasionne même en Alsace, je ne citerai qu'un seul exemple ; dans la commune de Bendorf, la gale fut introduite vers 1866 ; on essaya vainement de la guérir pendant deux ans ; divers bergers ont usé inutilement leur science et ont eu recours à tous les moyens empiriques imaginables ; de guerre las, les habitants se sont décidés en automne 1868 à vendre tout leur troupeau ; leur troupeau de 250 têtes a été vendu avec une perte sèche de 2500 francs ; mais ils avaient durant deux ans perdu leur récolte de laine ; ils avaient perdu plusieurs bêtes à la suite du marasme et de la cachexie que produit la ma-

ladie abandonnée à son cours naturel ; les drogues employées ont couté assez cher et l'on ne peut me taxer d'exa-
gération si avec MM. Delafond et Bourquignon j'évalue le déchet annuel à 5 francs par tête, ce qui fait encore une fois
2500 fr. de perdu, pour les deux ans qu'a duré le mal; soit une
perte totale de cinq mille francs dans une commune d'environ quatre cents habitants. Je n'exagère pas en admettant
qu'il y a actuellement environ 2400 moutons galeux dans
l'arrondissement de Mulhouse ; une tournée faite sur l'invi-
tation de M. le Sous-Préfet m'a permis d'adopter ce chiffre:
en admettant à 5 francs par tête le déchet que subit la pro-
duction de la chair, de la laine et des engrais, il y aurait
pour l'agriculture de notre arrondissement une perte de
douze mille francs dans les récoltes de l'année.

La gale des moutons passe pour quasi-incurable chez les
habitants de nos campagnes tout comme on l'admettait déjà au bon moyen âge. Cependant Columelle qui faisait de
la médecine vétérinaire au premier siècle de l'ère chré-
tienne la guérissait déjà fort bien avec une pommade com-
posée de goudron, de soufre, de vératre, de térébenthine
et d'axonge (de *re rustica*, Lib. VII, Chap. 32). C'est que
pour les médecins du moyen âge, les maladies de la peau
sont causées par des humeurs dont il faut se garder de con-
trarier la sortie et cette malheureuse et absurde croyance
s'est maintenue jusqu'à nous. C'est pourquoi nos cultivateurs croient qu'avant tout il faut droguer à l'intérieur et
aiment à recourir aux soins empiriques plutôt que de consulter un vétérinaire au courant de la science ; c'est que ce
dernier guérirait trop vite et toujours par des topiques externes ; qui sait si une maladie qui surviendrait dans l'année
ou plus tard ne serait par attribuable à ces humeurs acres
plus ou moins cardinales, que le malheureux aura empêché
de sortir. Les empiriques plus experts, au moins dans l'art

d'exploiter la crédulité publique, savent bel et bien combiner la médication interne avec l'externe et ont bien soin de faire durer le plaisir. Il est regrettable que parmi ces empiriques, nous voyons en Alsace figurer en première ligne les bergers eux-mêmes, qui feraient mieux de consulter leur gros bon sens que de vieux livres.

J'ai eu l'occasion plusieurs fois d'examiner l'arsenal thérapeutique dont usent les bergers pour guérir la gale, car c'est à eux qu'est révolu dans la croyance populaire, le droit de guérir la gale des moutons. Là ils donnent à l'intérieur la fleur de soufre et l'antimoine qui doit faire suer la laine et provoquer la sortie des humeurs acres ; · ailleurs ce sont des bois dits sudorifiques, de la sabine, du laurier qu'on donnera avec les dragées ; la seule chose qui serait utile comme traitement interne, une nourriture abondante et substantielle, ils n'y pensent jamais. Mais les traitements externes sont encore bien plus curieux; là on mêle à de l'huile de l'acide nitrique dulcifié par le mercure ; là on prend des essences résinifiées qu'on brûle à l'acide sulfurique et où l'on ajoute de la pommade mercurielle grise ou de la pommade citrine ; là ce sera une solution de sublimé corrosif qu'on modifiera par de la poudre de chasse, des cendres ou du vitriol ; partout en un mot des mélanges de drogues où les bons effets d'un médicament sont contrebalancés par un autre. Inutile après cela, de dire que ces recettes puisées dans de vieux bouquins n'ont que très-exceptionnellement de bons résultats; tout au plus la maladie étant palliée peut-on la prolonger des années et la rendre stationnaire dans une contrée ou dans une commune Quelquefois on la guérit ainsi au bout de trois ou quatre ans, alors que la maladie aurait fini d'elle-même. On peut être bien heureux si le traitement n'a pas produit de profondes brûlures de la peau ou, ce qui n'est pas rare, l'infection mercurielle. Cet insuccès du traitement des ber-

gers ne provient pas seulement de la nature des drogues
employées, mais surtout du mode d'emploi ; le berger igno-
rant que le mal est dû à un parasite qu'il s'agit de tuer, ne
comprend pas qu'il est d'une urgence absolue de tondre
les moutons, de faire le sacrifice de la laine et qu'il faut ré-
pandre le médicament en bain général sur toute la peau,
afin de trouver les acares sous leurs croutes fraiches, dans
la laine ; avec leurs topiques ils n'opèrent que là où la laine
est tombée, là où le parasite a déjà fait ses ravages et où il
ne se trouve déjà plus.

Il est temps de faire savoir aux cultivateurs que la médecine moderne qui guérit en vingt-quatre heures la gale
de l'homme, n'est pas moins capable en ce qui concerne
les animaux. Déjà vers la fin du siècle dernier, Teissier et
Daubenton en France, Walz en Allemagne indiquaient des
remèdes faciles, trop faciles, parait-il, pour nos doctes bergers ; depuis lors les moyens se sont encore simplifiés et surtout ont gagné en certitude.

La gale est une maladie contagieuse et personne dans
les diverses communes infectées n'a pensé faire la déclara-
tion que la loi exige cependant (art. 459 du Code pénal;
arrêt du 16 juillet 1784, art. 1er ; art. 19 de la loi concer-
nant la police rurale du 6 octobre 1791). L'on a laissé vendre et colporter ces animaux malades, au lieu de les isoler
et de les séquestrer ; on a laissé des individus ignorants
traiter ces animaux, ce que la loi défend cependant sévè-
rement (art. 4 de l'arrêt du 16 juillet 1784); des auto-
rités municipales ont autorisé de ces dépenses pour traitement empirique et les ont fait solder sur le budget commu-
nal ; enfin des pharmaciens ont fourni des substances véné-
neuses autrement que sur la prescription d'un médecin ou
d'un vétérinaire. Ce sont là des abus qu'il s'agit de faire
cesser, d'autant plus qu'ils ont pour effet d'entretenir chez
nous la maladie en question tandis que par une bonne po-

lice sanitaire vétérinaire on en serait bien vite débarrassé. Pour l'agent de la police sanitaire vétérinaire il y a lieu surtout de faire disparaître le plus vite possible et énergiquement la contagion et de tuer les dermatodectes. Le moyen à employer est facile et peu coûteux ; il est surtout certain ; au moment où je l'ai indiqué à l'administration (au commencement de mai) la saison, l'époque de tonte, tout était favorable pour soumettre immédiatement tous les moutons des communes infectées à un bain alcalin et empyreumatique ; je conseillais de faire le traitement sous bonne surveillance.

J'ai eu l'occasion d'employer ce traitement en 1866 pour les troupeaux des communes de Waltighoffen, des trois Muespach, de Grentzingen et je les ai guéris facilement en quelques jours, sans qu'il y ait eu la moindre trace de retour jusqu'ici. Pour cela je fais prendre :

> Acide phénique brut. . 1500 grammes.
> Chaux vive. 1000   id.
> Carbonate de soude .. 3000   id.
> Savon vert. 3000   id.

En mêlant ces substances, l'on obtient une pâte épaisse qu'on délaie dans 260 litres d'eau chaude, quantité suffisante pour cent moutons. Cette imitation des bains de **Walz**, où il se forme de la soude caustique qui dissout l'acide phénique, est très-économique en ce qu'elle revient à neuf centimes par mouton, car les proportions indiquées prises chez le droguiste reviennent à 8 fr. 65ᶜ.

Il faut laver les moutons à la brosse de chiendent, en les plongeant dans la solution placée dans un grand baquet ; deux hommes et deux aides suffisent à l'opération. On fait bien de laver une deuxième fois au bout de trois jours les moutons fortement atteints. Il est essentiel de veiller à ce que les bains soient donnés convenablement et à tous les moutons ; en établissant deux parcs entre lesquels on fait le lavage et dont l'un sert aux moutons lavés et l'autre aux moutons qui attendent l'opération on facilite le travail ; l'opération entreprise par un temps sec et chaud permet aux moutons de se sécher et de parquer au grand air.

La soude caustique qui se forme dans ma préparation, non seulement détruit les croutes sous lesquelles se réfugient les dermatodectes, mais encore elle s'attaque aux œufs de ces parasites dont les parois sont dissoutes et l'embryon ensuite tué par l'acide phénique. Les alcalins irritent un peu les mains souvent gercées des opérateurs. On accuse souvent les solutions alcalines caustiques de saponifier le suint et de corroder le poil laineux, qui devient sec et perd sa résistance. Dans le degré de concentration où j'emploie la soude, elle ne produit pas ce mauvais effet et l'on peut être sans crainte sous ce rapport. Je préfère l'acide phénique brut à l'acide phénique pur, non par motif d'économie, mais parceque les huiles essentielles empyreumatiques qui accompagnent le produit brut ont aussi leur utilité ; on pourrait à la rigueur le remplacer par du goudron, de l'huile de cade, qu'on aurait étendu de partie égale d'essence de térébenthine ou de pétrole.

Je préfère mon bain alcalin et empyreumatique au bain arsénical de Teissier et au jus de tabac, parce que j'évite ainsi tout danger d'empoisonnement et que j'agis en un seul bain au lieu de trois qui sont ordinairement nécessaires par ces moyens. Des expériences rigoureuses ont en effet prouvé que les pyrogénés (acide phénique, créosote, benzine et pétrole) amènent la mort des dermatodectes en quelques secondes ; le jus de tabac les tue en deux minutes ; la solution de sublimé au bout d'une heure et la solution arsénicale au bout de trois heures seulement.

Il faut en même temps la bonne aération des étables qu'on blanchira à la chaux, après des lotions aux lessives alcalines ; le fumier sera enlevé avec soin, car le traitement serait incertain si l'on ne poursuivait pas la destruction des acariens et de leurs germes sur les objets inanimés. Il ne faut pas oublier que le dermatodecte a une résistance vitale extraordinaire et que séparé du corps du mouton il prolonge encore son existence pendant quinze jours et même plus longtemps. M. Verheyen, vétérinaire belge, estimait que la bergerie, les objets qu'elle renferme, les chemins de parcours et les pâturages ne doivent être considérés comme sains que quatre semaines après la guérison ; ce délai me parait un peu trop long. S'il est possible de laisser les bergeries inoccupées pendant quelques semaines, de laisser les moutons parquer en plein air par exemple, on aura la certitude d'avoir écarté de ce côté tout danger de récidive.

Si par extraordinaire après ce traitement des efflorescences partielles et isolées devaient encore se manifester, il faudrait se hâter de les faire disparaitre par des lotions soit avec la matière du bain soit avec l'acide phénique ou l'essence de térébenthine ; si elles se multipliaient, une seconde immersion du troupeau serait nécessaire. La surveillance ne saurait être trop minutieuse ; car, malgré la mort de la population acarienne les démangeaisons ne cessent pas immédiatement, elles dépendent de la cicatrisation des lésions de la peau.

Quand une fois nos bergers auront vu, vu de leurs propres yeux, que les bains guérissent plus vite et plus sûrement que leurs topiques, il faut espérer que le bon sens leur dira d'abandonner cette vieille routine des onguents, pour recourir au traitement si rationnel des bains généraux. Puissé-je avoir concouru à ce résultat ; alors aussi la gale sera plus rare et ne sera plus un fléau pour notre agriculture.

Colmar, imp. de Ch. M. Hoffmann, imp. de la Préfecture.

www.ingramcontent.com/pod-product-compliance
Lightning Source LLC
LaVergne TN
LVHW010909180726
843502LV00010B/4049